Ayantu Nugusa
Desalegn Amenu
Reda Nemo

Manual de laboratório de micologia

Ayantu Nugusa
Desalegn Amenu
Reda Nemo

Manual de laboratório de micologia

Aplicações práticas para o isolamento e caraterização de fungos

ScienciaScripts

Imprint
Any brand names and product names mentioned in this book are subject to trademark, brand or patent protection and are trademarks or registered trademarks of their respective holders. The use of brand names, product names, common names, trade names, product descriptions etc. even without a particular marking in this work is in no way to be construed to mean that such names may be regarded as unrestricted in respect of trademark and brand protection legislation and could thus be used by anyone.

Cover image: www.ingimage.com

This book is a translation from the original published under ISBN 978-620-8-01148-2.

Publisher:
Sciencia Scripts
is a trademark of
Dodo Books Indian Ocean Ltd. and OmniScriptum S.R.L publishing group

120 High Road, East Finchley, London, N2 9ED, United Kingdom
Str. Armeneasca 28/1, office 1, Chisinau MD-2012, Republic of Moldova, Europe
Printed at: see last page
ISBN: 978-620-8-08271-0

ÍNDICE DE CONTEÚDOS

REGRAS DE SEGURANÇA NO LABORATÓRIO

As regras de segurança do laboratório serão rigorosamente aplicadas. Infracções repetidas resultarão na perda de pontos. Todos os organismos serão considerados patogénicos e devem ser manuseados com técnica asséptica e precauções universais quando se trabalha no laboratório.

1) Lavar as mãos com água e sabão antes de entrar ou sair do laboratório.

2) Usar sapatos que cubram completamente os pés, não pode usar sandálias ou outros sapatos de biqueira aberta OU de salto aberto (os tamancos são aceitáveis).

3) É obrigatório usar uma bata de laboratório quando trabalha no laboratório de microbiologia. Deve guardar a bata/camisola no laboratório. A bata/camisola NÃO pode ser retirada da sala durante o semestre.

4) Os cabelos compridos devem ser presos num rabo-de-cavalo; todos os chapéus devem ser retirados ou virados para trás.

5) Os acidentes ou ferimentos devem ser comunicados ao seu instrutor o mais rapidamente possível. Conhecer a localização

da manta de incêndio, do extintor, do duche e do lava-olhos em caso de emergência.

6) Não comer, beber ou mascar pastilha elástica no laboratório. Evite actividades que envolvam as mãos e a boca, como roer as unhas ou mastigar a ponta de um lápis/caneta.

7) Os telemóveis não são permitidos no laboratório em nenhuma circunstância.

8) Não colocar toalhas de papel utilizadas para limpar a bancada nos cestos de lixo da bancada.

9) Os bicos de Bunsen nunca devem ser deixados sem vigilância

10) Desinfecte o seu espaço de laboratório no início e no fim de cada período de laboratório. Para desinfetar o seu espaço, limpe bem o tampo da mesa com desinfetante de laboratório e uma toalha de papel. Quando sair do laboratório, aplique desinfetante na área da bancada e deixe secar ao ar (molhado).

11) Retire todos os materiais não essenciais do seu espaço de trabalho do laboratório e mantenha na sua bancada apenas o necessário para a realização da atividade laboratorial. Guarde

os casacos e as mochilas onde não atrapalhem

12) No final do período de laboratório, devolver todo o equipamento ao seu local de origem. É importante que mantenhamos/melhoremos o nosso ambiente para as outras turmas/alunos.

13) Eliminar os resíduos de acordo com as instruções. Os produtos químicos perigosos e as culturas microbianas devem ser eliminados corretamente em contentores designados e em áreas de eliminação. Informá-lo-emos sobre os procedimentos de eliminação adequados. Não deite fora quaisquer materiais que tenham entrado em contacto com culturas microbianas ou produtos químicos perigosos em lavatórios ou caixotes do lixo.

14) Tratem-se uns aos outros com respeito, estão todos aqui para aprender, vão todos cometer muitos erros, sejam pacientes uns com os outros.

Finalmente, as regras de segurança do laboratório de micologia resumem-se a

1. Equipamento de proteção individual (EPI):

✓ Usar batas ou batas de laboratório, luvas, óculos de proteção e calçado adequado.

✓ Utilizar máscaras faciais ou respiradores conforme necessário, especialmente quando se trabalha com fungos perigosos ou procedimentos que produzem aerossóis.

2. Manuseamento de culturas de fungos:

✓ Tratar todos os fungos como potencialmente perigosos até prova em contrário.

✓ Minimizar a produção de aerossóis; utilizar cabinas de segurança biológica (BSC) ou exaustores para trabalhos que envolvam agentes patogénicos ou alergénios.

✓ Rotular claramente todas as culturas com o nome do organismo, a data e quaisquer perigos relevantes.

3. Higiene e limpeza do laboratório:

✓ Manter uma área de trabalho limpa e organizada; desinfetar regularmente as superfícies e o equipamento.

✓ Eliminar os materiais contaminados, incluindo luvas e culturas usadas, em contentores de resíduos com risco biológico designados para o efeito.

✓ Limpar imediatamente os derrames seguindo os protocolos adequados.

4. Manuseamento seguro de produtos químicos:

✓ Seguir os procedimentos operacionais padrão (SOPs) para manuseamento, armazenamento e eliminação de produtos químicos.

✓ Utilizar equipamento de proteção individual (EPI) adequado ao manusear produtos químicos; lavar bem as mãos após o contacto.

✓ Rotular corretamente todos os recipientes de produtos químicos e guardá-los em áreas designadas.

5. Técnicas de assepsia:

✓ Praticar técnicas assépticas para minimizar a contaminação durante o isolamento e a cultura de fungos.

✓ Esterilizar o equipamento (por exemplo, anéis de inoculação, pinças) antes e depois da utilização; recomenda-se a esterilização por chama.

✓ Evitar a contaminação cruzada entre culturas; manusear cada cultura com instrumentos específicos.

6. Preparação para emergências:

✓ Conhecer a localização do equipamento de emergência, como estações de lavagem de olhos, chuveiros de segurança, extintores de incêndio e kits de primeiros socorros.

✓ Familiarize-se com os procedimentos de emergência em caso de derrames, acidentes ou incidentes de exposição.

✓ Comunicar imediatamente ao supervisor do laboratório quaisquer acidentes, lesões ou situações perigosas.

1. INTRODUÇÃO

Bem-vindo ao mundo das práticas de laboratório de micologia, onde o estudo dos fungos e as suas aplicações ganham vida através de técnicas sistemáticas e precisas.

Instalação e segurança do laboratório:

• Os laboratórios de micologia estão equipados com ferramentas especializadas, como microscópios, incubadoras e meios de cultura adaptados à investigação de fungos.

• A segurança é uma prioridade máxima, com o cumprimento rigoroso do equipamento de proteção individual (EPI), incluindo batas de laboratório, luvas, óculos de segurança e máscaras faciais quando se trabalha com fungos perigosos.

• Cultivo e manutenção:

• O cultivo de fungos envolve a preparação de meios de cultura estéreis, inoculando-os com amostras de fungos e mantendo-os em condições controladas, como temperatura e humidade.

• A monitorização regular, a subcultura e o armazenamento de culturas de fungos são essenciais para manter a pureza e a viabilidade genéticas

•Exame microscópico:

•A análise microscópica é uma pedra angular da micologia, envolvendo a utilização de microscópios compostos para observar estruturas fúngicas como hifas, esporos e órgãos reprodutores.

•As técnicas de coloração como o lactofenol azul algodão aumentam a visibilidade dos fungos e ajudam na sua identificação.

•Isolamento e identificação:

•O isolamento de fungos de amostras ambientais ou de espécimes clínicos é uma prática fundamental, frequentemente seguida de testes bioquímicos, análise molecular e comparação com materiais de referência para uma identificação exacta.

•As chaves dicotómicas e as bases de dados digitais ajudam no processo de identificação.

2. PREPARAÇÃO DE SUPORTES SÓLIDOS

O meio sólido é normalmente produzido através da adição de um agente solidificante a um meio de caldo. O agente solidificante mais comum é o ágar, uma substância obtida a partir de algas marinhas e disponível na forma purificada e seca. Embora os diferentes ágares variem consideravelmente nas suas propriedades físicas, o ponto de fusão habitual é de 97-100 ° C. Assim, o ágar sólido pode ser adicionado a meios de cultura líquidos e derretido durante a esterilização pelo calor. Após a esterilização, este meio líquido pode ser vertido em tubos de ensaio, frascos ou placas de Petri. Ao arrefecer, este meio contendo ágar solidifica a cerca de 42 °C. Uma vez solidificado, o meio de cultura de ágar pode ser incubado em toda a gama de temperaturas que um bacteriologista é suscetível de utilizar (até 70°C, talvez) sem derreter.

Procedimentos

1) Colocar as quatro placas de Petri esterilizadas com o lado direito para cima à sua frente.

2) O fundo de uma placa de Petri é mais pequeno e mais profundo do que a parte superior, frequentemente designada

por tampa. Por conseguinte, o lado direito para cima é quando o fundo está em contacto com a bancada e a tampa maior cobre o fundo.

3) Ligar o bacticinerator.

4) Retirar uma garrafa de meio de ágar derretido do banho-maria a 55 ° C. Limpar cuidadosamente a água aderente do frasco, de modo a que, quando se inclina o frasco, esta água contaminada não escorra para a placa.

5) Desapertar a tampa do frasco, mas não a retirar.

6) Passar ligeiramente o rebordo da garrafa em frente do bacticinerador para queimar as poeiras aderentes e também para criar uma corrente de ar negativa.

7) Levantar a tampa de uma placa de Petri com a mão esquerda ou direita apenas o suficiente para permitir verter algum do meio de ágar para o fundo da placa de Petri.

8) Deitar meio suficiente no fundo da placa de Petri para cobrir apenas a superfície do fundo.

9) Cuidadosa e lentamente, deslize as placas vazadas para uma parte não perturbada (traseira) da sua bancada para arrefecer e solidificar.

3. CULTURA E CULTIVO DE ESPÉCIES DE FUNGOS

Os fungos espalham-se fortemente em muitos ambientes onde não há lugar livre da presença de um ou mais tipos de fungos ou esporos. Que podem ser isolados do solo, do ar ou da água, os fungos parasitam o homem e as plantas e menos os animais causando doenças e perdas económicas, pelo que é necessário isolar e diagnosticar estes fungos para reduzir o perigo

Materiais e ferramentas:

- Lâminas e lamelas
- Placas de Petri
- Queimador
- Luvas
- Azul de algodão com lactofenol (LPCB)
- Pipetas
- Agulha de inoculação

- Frasco e padeiros
- Tubo de ensaio
- Media
- Microscópio

3.1. Isolamento de fungos do solo Procedimentos

Métodos de placa de derramamento (isolamento direto)

1) Pesar 0,1 gm de solo e colocá-lo numa placa de Petri.
2) Deitar os meios de cultura na placa de Petri perto da chama
3) Movimentou a placa de Petri com um movimento circular para a direita e para a esquerda para misturar o solo com o meio
4) Deixar a placa até ficar sólida e incubar durante 5 dias a 25-28 °C. Não: Pode distribuir a amostra de solo na superfície de meios de cultura sólidos

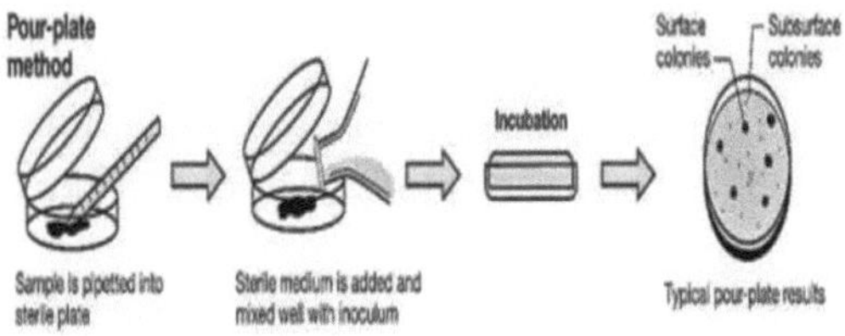

Figura 1. Método da placa de derrame

Isolamento indireto

É um método modificado de métodos de placa derramada, usado para purificar fungos de bactérias.

1) Adicionar 10 ml de meio de cultura numa placa de Petri e deixar solidificar.

2) Colocar 0,1 g de amostra de solo acima do meio de cultura.

3) Deitar 5 ml de meio de cultura na placa e deixar solidificar.

Neste caso, os fungos hifais crescem demasiado porque são organismos aeróbios, enquanto as bactérias (anaeróbias) permanecem no meio de cultura

Método de diluição

1. Pesar 1 g de solo e colocá-lo num tubo de ensaio com 10 ml de água destilada (DW) (stoke), misturando bem.
2. Preparar 5 tubos de ensaio contendo cada um 9 ml de (DW).
3. Colocar 1 ml de solução no primeiro tubo que será 1st t de diluição, 1/10 (10^{-1}).
4. Colocar 1 ml da primeira diluição no segundo tubo, que será a diluição 2nd , 1/ 100 (10^{-2}).
5. Colocar 1 ml da segunda diluição no terceiro tubo, que será a diluição 3rd , 1/ 100 (10-^{3}).
6. Colocar 1 ml da terceira diluição no quarto tubo, que será a diluição 4th , 1/ 10000 (10^{-4}).
7. Colocar 1 ml da quarta diluição no quinto tubo, que será a diluição 5th , 1/ 100000(10-^{5}).
8. Colocar 1 ml de cada diluição de filtrado numa placa de Petri e, em seguida, verter o meio de cultura, mover a placa para misturar a amostra com o meio de cultura.
9. Deixar até ficar sólido e depois incubar durante 5 dias a 25-28°C. Nota: A diluição (1 ml) pode ser distribuída na superfície

de meios de cultura sólidos.

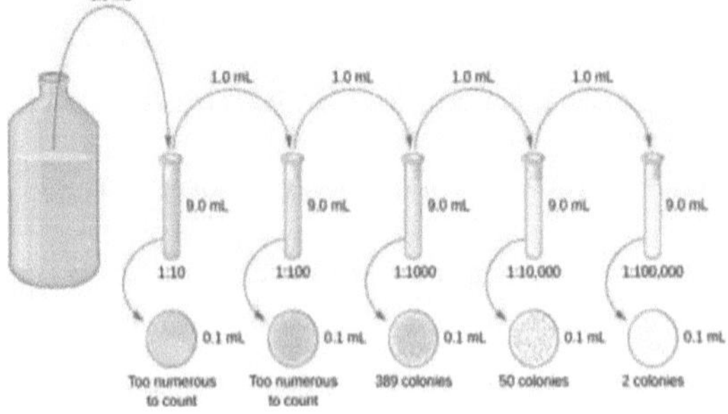

Figura 2. Diluição

3.2. Isolamento de fungos do ar e da água

3.2.1 Isolamento de fungos do ar

1) Verter o meio em placas de Petri e deixá-lo até ficar sólido.

2) Abrir o prato em vários sítios diferentes durante 30 minutos.

3) Incubado durante 5 dias a 25-28 °C.

3.2.2 Isolamento de fungos da água

A. Método de diluição

1) Colocar 1ml de amostra de água num tubo de ensaio contendo 9ml de (D.W), que será a primeira diluição 1/11 (10-

1).

2) Transferir 1 ml da primeira diluição para o segundo tubo, que será a segunda diluição1/ 111 (10-2).

3) Transferir 1 ml da segunda diluição para o terceiro tubo, que será a terceira diluição1/ 1111 (10-3).

4) Transferir 1 ml da terceira diluição para o quarto tubo, que será a quarta diluição1/ 11111 (10-4).

5) Colocar 1 ml da quarta diluição no quinto tubo, que será a quinta diluição,1/ 111111 (10-5).

6) Colocar 1 ml de cada diluição de filtrado numa placa de Petri e, em seguida, verter o meio de cultura, mover a placa para misturar a amostra com o meio de cultura.

7) Deixar solidificar e incubar durante 5 dias a 25-28°C.

Nota: A diluição (1 ml) pode ser distribuída na superfície de meios de cultura sólidos

B. Métodos de filtragem

1) Filtrar a amostra de água utilizando um filtro de celulose colocado numa supressão esterilizada.

2) Após a passagem da amostra, o papel de filtro é retirado com uma pinça estéril e colocado na superfície do meio de

cultura, incubando depois as placas durante 5 dias a 25-28 °C.

3.3. Isolamento de fungos de frutos e legumes

1) Colocar o meio na placa e deixá-lo até ficar sólido.

2) Esterilização da superfície até à parte podre por Hipoclorito de Sódio ou Permanganato de Potássio (2%)

3) Lavar a amostra (D.W) 2-3 vezes.

4) Transferir a parte podre para a placa de Petri com uma agulha esterilizada. Incubar as placas durante 5 dias a 25-28 °C

Não: Por vezes, utilizam-se iscos para atrair certos tipos de fungos, em que um crescimento aparece claramente nesses iscos e depois é transferido para os meios de cultura. Os iscos podem ser alguns tipos de frutos, sementes, pele, cabelo.

3.4. Exame microscópico fungos Cultura em lâminas

Técnica para fungos Materiais necessários:

- ➢ Cultura:
  - o Cultura de fungos com 7-10 dias
  - o Meios de comunicação social:
  - o Ágar Sabouraud Equipamento:
- ✓ Placa de Petri esterilizada
- ✓ Papel de filtro (9 cm de diâmetro)
- ✓ Vareta de vidro em forma de U
- ✓ Lâminas para microscópio e lamelas (esterilizadas)
- ✓ Placa de Sabouraud com cultura mista de fungos
- ✓ Placa de ágar de Sabouraud esterilizada
- ✓ Coloração de azul de algodão com lactofenol
- ✓ Tubo capilar de vidro
- ✓ Bisturi

✓ Agulha de inoculação

✓ Água destilada esterilizada

✓ Etanol a 95%

✓ Fórceps

Procedimento:

A)Preparação da cultura de lâminas

1) Colocar assepticamente, com uma pinça, uma folha de papel de filtro esterilizado numa placa de Petri.

2) Colocar uma vareta de vidro esterilizada em forma de U sobre o papel de filtro. (A vareta pode ser esterilizada por chama, se for segurada por uma pinça).

3) Deitar água esterilizada suficiente (cerca de 4 ml) no papel de filtro para o humedecer completamente.

4) Com uma pinça, colocar uma lâmina esterilizada na haste em forma de U

5) Esterilizar com um bisturi e cortar um bloco quadrado de 5 mm do meio da placa de ágar de Sabouraud ou do meio de Emmons.

6) Pegar no bloco de ágar inserindo o bisturi e transferir

cuidadosamente este bloco, de forma asséptica, para o centro da lâmina.

7) Inocular quatro lados do quadrado de ágar com esporos ou fragmentos de micélio do fungo a examinar. Assegurar-se de que a ansa é flamejada e arrefecida antes de recolher os esporos.

8) Colocar, de forma asséptica, uma tampa de vidro esterilizada na superfície superior do cubo de ágar.

9) Colocar a tampa na placa de Petri e incubar à temperatura ambiente durante 48 horas.

10) Passadas 48 horas, examinar a lâmina com pouca potência. Se tiver havido crescimento, haverá crescimento de hifas e produção de esporos. Se o crescimento for inadequado e os esporos não forem evidentes, deixar o bolor crescer durante mais 24 - 48 horas antes de fazer as lâminas coradas.

B)Aplicação da mancha

1) Colocar uma gota de corante azul de algodão lactofenol numa lâmina de microscópio limpa.

2) Retirar o vidro de cobertura da cultura em lâmina e deitar

fora o bloco de ágar.

3) Adicionar uma gota de etanol a 95% às hifas no vidro de cobertura.

4) Logo que a maior parte do álcool tenha evaporado, colocar o vidro de cobertura, com o lado do molde virado para baixo, sobre a gota de lactofenol azul algodão na lâmina.

5) Examinar a lâmina ao microscópio

3.5. Lactofenol Algodão Azul de Montagem em Tecido (LPCB-TM)

Materiais

Materiais de montagem húmida:

- Lâminas de vidro
- Coverslips
- Lactofenol Mancha azul de algodão Materiais vivos
- 1 placa SDA de Saccharomyces cerevisiae
- Penicillium notatum
- Rhizopus stolonifer -

Procedimentos

Montagem húmida de Saccharomyces cerevisiae:

1) Colocar uma gota de azul de algodão de lactofenol numa lâmina limpa.

2) Retirar assepticamente uma pequena quantidade de crescimento, com uma ansa, da placa SDA e transferi-la para a gota de azul de algodão com lactofenol; misturar bem e colocar cuidadosamente uma lamela sobre a coloração.

3) Observa ao microscópio (de baixa e alta potência) com campo claro, campo escuro e contraste de fase. Desenhe algumas das suas observações. Procure áreas com células bem separadas e células que estejam a brotar. Mantenha os olhos nas células em brotamento e poderá ver as células filhas separarem-se.

3.6. Manchas de tinta da china

A coloração com tinta da China é uma técnica comum utilizada em microbiologia para visualizar estruturas fúngicas, tais como cápsulas. Eis um procedimento passo a passo para a coloração de fungos com tinta da China:

Materiais necessários:

- Solução de tinta da China
- Lâminas preparadas para microscópio
- Coverslips
- Cultura ou amostra de fungos
- Microscópio

Procedimento:

Preparar o diapositivo:

Colocar uma gota de tinta da China no centro de uma lâmina de microscópio limpa.

-Colocar uma pequena quantidade da cultura fúngica ou da amostra na gota de tinta. Misturar suavemente com uma ansa esterilizada ou um bastão aplicador.

2. Espalhar a mistura:

- Utilizando outra lâmina limpa, espalhar a mistura de tinta e fungos numa camada fina sobre a superfície da lâmina. Este passo ajuda a criar uma camada uniforme do espécime para observação.

3. Secar o escorrega:

- Deixar a lâmina secar completamente ao ar. Este passo é crucial para assegurar que o espécime adere bem à superfície da lâmina.

4. Montar o escorrega:

- Quando a lâmina estiver seca, colocar uma lamela sobre a mistura seca. Pressionar suavemente para baixo para garantir que a lamela adere à lâmina e achata a amostra.

5. Observação Microscópica:

- Colocar a lâmina preparada na platina do microscópio.
- Começar com uma ampliação menor (por exemplo, 10x ou 20x) para localizar as estruturas fúngicas.
- Aumentar gradualmente a ampliação para observar pormenores mais finos, como hifas, esporos ou cápsulas de fungos.

3.7. Coloração com azul de metileno

A coloração com azul de metileno é outra técnica comum utilizada em microbiologia para visualizar estruturas fúngicas, especialmente elementos fúngicos em amostras clínicas como esfregaços ou culturas. Eis um procedimento passo a passo para a coloração de fungos utilizando o corante azul de metileno:

Materiais necessários:

1. Solução de corante azul de metileno
2. Lâminas de microscópio
3. Coverslips
4. Cultura ou amostra de fungos
5. Microscópio

Procedimento

Preparar o diapositivo:

-Colocar uma gota de corante azul de metileno numa lâmina de microscópio limpa. Retirar uma pequena quantidade da cultura ou amostra de fungos e misturar bem com a gota de corante utilizando uma ansa esterilizada ou um bastão aplicador. Assegurar uma mistura completa para distribuir uniformemente os elementos fúngicos.

2. Espalhar a mistura:

- Utilizando outra lâmina limpa, espalhar a mistura de azul de metileno e fungos numa camada fina sobre a superfície da lâmina. Este passo ajuda a criar uma camada uniforme do espécime para observação.

3. Fixação (opcional):

- Se necessário, pode efetuar uma etapa de fixação para melhorar a aderência do espécime à lâmina. Isto pode ser feito passando a lâmina brevemente por uma chama (fixação por chama) ou utilizando uma solução fixadora como o metanol.

4. Secar o escorrega ao ar livre:

- Deixar a lâmina secar completamente ao ar. Isto é importante para garantir que o espécime adere bem à superfície da lâmina e que o corante cora as estruturas fúngicas de forma eficaz.

5. Montar o escorrega:

• Quando a lâmina estiver seca, colocar uma lamela sobre a mistura seca. Pressionar suavemente para baixo para garantir que a lamela adere à lâmina e achata a amostra.

6. Observação Microscópica:

• Colocar a lâmina preparada na platina do microscópio.

• Começar com uma ampliação menor (por exemplo, 10x ou 20x) para localizar as estruturas fúngicas coradas com azul de metileno.

• Aumentar gradualmente a ampliação para observar pormenores mais finos, como hifas de fungos, esporos ou estruturas como conídios.

3.8. Coloração com violeta de cristal

O exame do micélio fúngico ao microscópio é uma técnica fundamental em microbiologia e micologia. Eis um procedimento geral para observar o micélio fúngico com um microscópio:

Materiais necessários:

1. microscópio
2. lâminas para microscópio
3. lamelas
4. cultura ou amostra de fungos (contendo micélio)
5. solução de coloração (opcional, se se pretender colorir)

Procedimento:

1. Preparação do espécime:

- Obter uma cultura de fungos ou uma amostra que contenha micélio. Pode ser uma placa de cultura, uma cultura em lâmina ou um esfregaço preparado a partir de uma amostra clínica.
- Se a amostra estiver num meio sólido (por exemplo, placa de ágar), raspar suavemente um pequeno pedaço de micélio utilizando uma ansa ou um bisturi esterilizados.
- Se utilizar uma cultura líquida, pipetar uma pequena quantidade da cultura para uma lâmina de microscópio.

2. Montagem do espécime:

- Colocar uma gota de água ou de meio de montagem (como o lactofenol azul algodão) numa lâmina de microscópio limpa.

• Transferir a amostra de micélio para a gota de água ou para o meio de montagem.

• Cobrir a amostra com uma lamela, assegurando que não há bolhas de ar por baixo.

3. Exame microscópico:

• Colocar a lâmina preparada na platina do microscópio.

• Comece com uma objetiva de menor ampliação (por exemplo, 10x ou 20x) para localizar o micélio e obter uma visão global do espécime.

• Aumentar gradualmente a ampliação para objectivas mais elevadas (por exemplo, 40x ou 100x de imersão em óleo) para observar detalhes mais finos das estruturas miceliais, tais como hifas, septos, conidióforos e esporos.

• Ajustar a focagem e a iluminação do microscópio conforme necessário para obter imagens claras e detalhadas do micélio.

3.9. Exame de seleção

O exame da formação de botões de fungos é crucial em microbiologia e micologia, especialmente para identificar espécies de leveduras e estudar as suas caraterísticas de crescimento. Aqui está um procedimento geral para examinar a formação de botões de fungos ao microscópio:

Materiais necessários:

1. microscópio
2. lâminas para microscópio
3. lamelas
4. cultura de fungos com células de levedura em brotamento
5. solução de coloração (opcional, se se pretender colorir)
6. laço ou cotonete esterilizado (se estiver a preparar uma montagem húmida)

Procedimento:

1. Preparar o espécime:

Obter uma cultura fúngica que contenha células de levedura em brotamento. Leveduras

iehramaysComumente conhecido por budding incluem iae

Espécies de Candida.

- Se estiver a trabalhar com uma cultura de meio sólido, utilizar uma ansa esterilizada para raspar uma pequena quantidade da cultura para uma lâmina de microscópio.
- Se estiver a trabalhar com uma cultura líquida, pipetar uma gota da cultura para uma lâmina.

2. Montar o espécime:

- Colocar uma lamela sobre a cultura de fungos na lâmina para criar uma montagem húmida. Assegurar que não existem bolhas de ar sob a lamela.
- Se se pretender uma coloração para melhor visualização, adicionar uma gota de uma solução de coloração adequada (por exemplo, azul de algodão lactofenol) ao bordo da lamela. Deixar que a coloração se espalhe sob a lamela por ação capilar.

3. Exame microscópico:

- Colocar a lâmina preparada na platina do microscópio.
- Começar com uma objetiva de menor ampliação (por exemplo, 10x ou 20x) para localizar áreas da lâmina que contenham células de levedura em brotamento.

- Aumentar gradualmente a ampliação para objectivas mais elevadas (por exemplo, 40x ou 100x de imersão em óleo) para uma observação detalhada da formação de botões.
- Focalizar o microscópio para obter imagens nítidas das células de levedura e dos seus botões.

4. Observação e documentação:

-Observar o padrão de brotamento das células de levedura.

Observar o padrão de brotamento das células de levedura.

Anotar o tamanho e a forma dos brotos, se são brotos únicos ou múltiplos por célula, e quaisquer outras caraterísticas morfológicas.

-Tirar fotografias ou fazer esboços das células e dos botões de levedura utilizando uma câmara ligada ao microscópio ou desenhando à mão.

-Registar as suas observações, incluindo o tipo de espécie de levedura (se conhecida) e quaisquer caraterísticas notáveis do processo de germinação.

3.10. Cultivo de cogumelos

Introdução

A semente de cogumelo é um componente crucial no cultivo de cogumelos, servindo como ponto de partida para o crescimento de micélio e subsequente formação de corpos de frutificação. A preparação de semente de alta qualidade é essencial para o sucesso do cultivo de cogumelos, visto que influencia diretamente o vigor, o rendimento e a uniformidade das culturas de cogumelos. O processo de preparação de semente envolve a seleção de um substrato adequado, a esterilização ou pasteurização para eliminar contaminantes, a inoculação com micélio de cultura puro e a incubação sob condições controladas para permitir a colonização micelial.

Princípios de preparação da semente de cogumelo

Seleção do substrato:A escolha do substrato é crítica e depende da espécie de cogumelo que está a ser cultivada. Os substratos comuns incluem grãos de cereal (p.ex. centeio, trigo e painço), serradura, palha ou materiais especializados para o cultivo de cogumelos. O substrato deve fornecer nutrientes essenciais e um ambiente adequado para o crescimento micelial.

2. Esterilização ou Pasteurização: Para evitar a contaminação e garantir um ambiente estéril para o crescimento do micélio, o substrato é esterilizado com calor (vapor ou autoclave) ou pasteurizado a temperaturas mais baixas. A esterilização elimina todos os microrganismos, enquanto que a pasteurização visa a maioria dos contaminantes, preservando os micróbios benéficos.

3. Inoculação com micélio de cultura pura - O micélio de cultura pura, conhecido como semente de cogumelo, é inoculado no substrato esterilizado ou pasteurizado. A semente contém micélio em crescimento ativo, obtido a partir de uma cultura de laboratório. Os métodos de inoculação variam consoante o tipo de substrato e podem envolver a mistura de semente com o substrato ou a injeção de semente em grãos.

4. O substrato inoculado é incubado em condições controladas de temperatura e humidade para promover o crescimento

micelial e a colonização. Durante esta fase, o micélio espalha-se pelo substrato, formando uma rede de hifas que absorvem nutrientes e se preparam para a frutificação.

5. À medida que o micélio coloniza o substrato, sofre uma consolidação ou maturação, atingindo uma fase em que está totalmente integrado na matriz do substrato. Este processo fortalece a rede micelial e prepara o substrato para a formação de corpos de frutificação.

6. Quando o substrato estiver completamente colonizado com micélio saudável, a semente madura é colhida e armazenada para uso posterior na inoculação de substratos de cultivo de cogumelos. Condições apropriadas de armazenamento, como sejam temperaturas frescas e baixa humidade, ajudam a manter a viabilidade da semente.

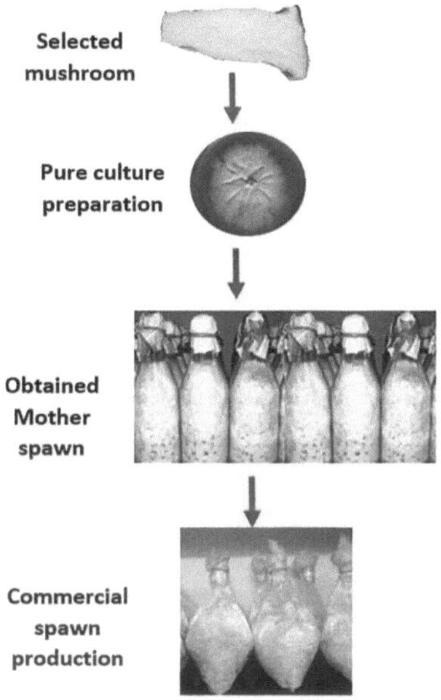

3.11. Passos envolvidos na preparação da semente

1. Materiais e equipamentos:

• Substrato (por exemplo, grãos, serradura, materiais de cultivo de cogumelos)

• Panela de pressão ou autoclave (para esterilização)

• Instrumentos de inoculação (por exemplo, seringas esterilizadas, anéis de inoculação)

• Placas de Petri ou recipientes para armazenamento de

semente

- Incubadora ou ambiente controlado para o crescimento do micélio

2. Preparação do substrato:

a. Medir a quantidade necessária de substrato com base no tamanho do lote pretendido.

b. Se utilizar cereais, lave-os bem e deixe-os de molho durante a noite para os hidratar.

c. Escorra o excesso de água do substrato e espalhe-o uniformemente para esterilização.

3. Esterilização ou Pasteurização:

a. Colocar o substrato na panela de pressão ou autoclave.

b. Esterilizar o substrato à temperatura e pressão recomendadas durante o período especificado.

c. Em alternativa, pasteurizar o substrato a temperaturas mais baixas, se preferir.

a. Deixar o substrato esterilizado ou pasteurizado arrefecer até à temperatura ambiente num ambiente limpo.

b. Preparar a semente de cogumelo obtendo micélio de cultura pura de uma fonte laboratorial.

c. Utilizar técnicas estéreis para inocular o substrato arrefecido com a semente de cogumelo. Isto pode ser feito injectando semente em grãos de cereal ou misturando semente com serradura.

A. mistura cuidadosamente a semente inoculada com o substrato para assegurar uma distribuição uniforme do micélio.

b. No caso de semente à base de cereais, distribuir a semente entre grãos de cereais esterilizados e misturar bem.

Incubação e Colonização:

Transferir o substrato inoculado para recipientes adequados para a incubação (por exemplo, sacos, tabuleiros).

a. Colocar os recipientes num ambiente controlado com temperatura e humidade ideais para o crescimento micelial.

b. Monitorizar regularmente o substrato para detetar sinais de colonização de micélio, que aparece como um crescimento branco e fofo que se espalha por todo o substrato.

7. Consolidação e maturação:

a. Permitir que o micélio colonize completamente e consolide o substrato. Isto pode levar várias semanas, dependendo da espécie de cogumelo e das condições ambientais.

b. Assegurar que o substrato se mantém hidratado, mas não demasiado húmido, durante o processo de colonização.

8. Colheita e armazenamento:

a. Colher a semente madura quando o substrato estiver completamente colonizado com micélio saudável.

. Transferir a semente colhida para recipientes limpos e esterilizados para armazenamento. c. Armazenar a semente num local fresco e escuro até estar pronta para ser usada na inoculação de substratos de cultivo de cogumelos.

Documentação:

-Registar os detalhes do lote, incluindo o tipo de substrato, os parâmetros de esterilização, a data de inoculação e as condições de incubação.

-Manter registos completos dos procedimentos de preparação das sementeiras para controlo da qualidade e referência futura.

REFERÊNCIAS

1. Koneman, E.W., Allen, S.D., Janda, W.M., Schreckenberger, P.C., & Winn Jr, W.C. (2016). Atlas colorido e livro-texto de microbiologia diagnóstica (7ª ed.). Lippincott Williams & Wilkins.

2. Sociedade Americana de Microbiologia (ASM). (2021). Manual of Clinical Microbiology (Manual de Microbiologia Clínica). Imprensa ASM.

3. Instituto de Normas Clínicas e Laboratoriais (CLSI). (2021). Método de referência para o teste de suscetibilidade antifúngica por diluição em caldo de fungos filamentosos (M38). Documento M38 do CLSI. Instituto de Normas Clínicas e Laboratoriais.

4. Instituto de Normas Clínicas e Laboratoriais (CLSI). (2021). Método de referência para o teste de suscetibilidade antifúngica de leveduras por diluição em caldo (M27). Documento M27 do CLSI. Instituto de Normas Clínicas e Laboratoriais.

5. Sociedade Europeia de Microbiologia Clínica e Doenças Infecciosas (ESCMID). (2021). Grupo de Estudo ESCMID para

Infecções em Hospedeiros Comprometidos (ESGICH). https://www.escmid.org/research_projects/study_groups/infections_in_compromised_hosts/ [Recurso em linha]

6. Sociedade Internacional de Micologia Humana e Animal (ISHAM) (2021). Diretrizes e documentos de consenso. https://www.isham.org/guidelines [Recurso em linha]

7. Centros de Controlo e Prevenção de Doenças (CDC).(2021). Doenças fúngicas [recurso online]

8. Agência de Saúde Pública do Canadá (PHAC). (2021). Sistema Canadiano de Vigilância das Doenças Transmissíveis (CCDSS)- Doenças fúngicas. https://www.canada.ca/en/public-health/services/surveillance/canadian- communicable-disease-surveillance-system-ccdss/fungal-diseases.html [Recurso em linha]

MIX
Papier aus verantwortungsvollen Quellen
Paper from responsible sources
FSC® C105338

Printed by Books on Demand GmbH, Norderstedt / Germany